LEVEL
3

KB197590

사이언스 리더스

기적의 과학자
아인슈타인

리비 로메로 지음 | 조은영 옮김

 비룡소

리비 로메로 지음 | 기자와 교사로 일하다가 작가가 되었다. 《내셔널지오그래픽》 매거진과 스미소니언 협회 매거진에 글을 실었으며, 내셔널지오그래픽 키즈의 「사이언스 리더스」 시리즈에서 『세계의 고층 건물』, 『바이킹』 등 여러 편을 썼다.

조은영 옮김 | 어려운 과학책은 쉽게, 쉬운 과학책은 재미있게 옮기려는 과학도서 전문 번역가이다. 서울대학교 생물학과를 졸업하고, 같은 대학교 천연물대학원과 미국 조지아대학교에서 석사 학위를 받았다.

이 책은 캘리포니아 공과 대학의 아인슈타인 논문 프로젝트 편집자 데니스 렘쿨 박사, 메릴랜드 대학교의 독서교육학 명예 교수 마리엄 장 드레어가 감수하였습니다.

내셔널지오그래픽 키즈 사이언스 리더스
LEVEL 3 기적의 과학자 아인슈타인

1판 1쇄 찍음 2025년 1월 20일 1판 1쇄 펴냄 2025년 2월 20일
지은이 리비 로메로 옮긴이 조은영 펴낸이 박상희 편집장 전지선 편집 최유진 디자인 천지연
펴낸곳 (주)비룡소 출판등록 1994.3.17.(제16-849호) 주소 06027 서울시 강남구 도산대로1길 62 강남출판문화센터 4층
전화 02)515-2000 팩스 02)515-2007 홈페이지 www.bir.co.kr 제품명 어린이용 반양장 도서 제조자명 (주)비룡소
제조국명 대한민국 사용연령 3세 이상 ISBN 978-89-491-6930-9 74400 / ISBN 978-89-491-6900-2 74400 (세트)

이 책의 차례

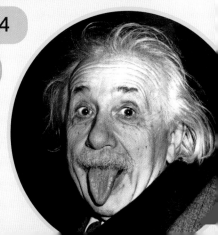

아인슈타인은 누구일까?

알베르트 아인슈타인은 20세기 과학자야.
시간과 공간, 우주에 관한 새로운 **이론**을 세운
사람이지.

이 이론들로 아인슈타인은 세계적으로
유명해졌고, 덕분에 사람들은 우주를
이전과는 다른 눈으로 바라보게 되었어.

아인슈타인의 이론은 새로운 과학 분야를
탄생시켰어. 사람들은 그를 천재라고 불렀지.
아인슈타인의
이론과 **개념**은
지금까지도
아주 중요해.

과학자 용어 풀이

이론: 어떤 현상이 무엇이고,
왜 일어나는지에 대한 의견을
짜임새 있게 정리한 것.

개념: 어떤 사물이나 현상에 대한
일반적인 지식.

아인슈타인의 한마디

"한 번도 실수해 보지 않은
사람은 한 번도 새로운 것에
도전해 본 적이 없는 사람이다."

알베르트 아인슈타인이
세상을 떠나기 몇 시간
전까지 일했던 연구실이야.

나침반을 좋아한 아이

알베르트 아인슈타인은 1879년 3월 14일에
독일(당시 독일 제국)의 울름에서 태어났어. 아버지
헤르만 아인슈타인은 사업가였고, 어머니 파울리네
코흐는 음악을 사랑하는 사람이었지. 아인슈타인과
여동생 마야는 어머니를 통해 음악을 사랑하는
마음을 갖게 되었어.

아인슈타인의 부모

아인슈타인이 네 살 때

아인슈타인이 태어났을 때 어머니는 걱정이 많았어.
아인슈타인의 머리가 다른 아기들에 비해 너무 큰
데다 말을 제때 하지 못했거든. 아기들은 보통 첫
생일이 지나면 간단한 몇 마디는 할 줄 알아. 하지만
아인슈타인은 두세 살이 되도록 말을 못했지.

아인슈타인과 여동생 마야는
두 살 터울이었어.

아인슈타인의 한마디

"나에게 특별한 재능은 없다.
그저 열정적인 호기심만 있을
뿐이다."

하지만 어머니의 걱정은 그리 오래가지 않았어.
아인슈타인은 호기심이 많고 아주 영리한
아이였거든.

아인슈타인이 평생 연구한 과학에 대한 호기심은
다섯 살 때 시작되었어. 아인슈타인은 어느 날
아버지에게 나침반을 선물 받았어. 나침반을
이리저리 돌려 보던 아인슈타인은 나침반의 바늘이
항상 북쪽을 가리킨다는 사실을 깨달았어.
하지만 그 이유는 알 수 없었어.
그저 보이지 않는 어떠한 힘이
바늘을 움직인다고
생각했지. 남은 평생
아인슈타인은 나침반과
그 보이지 않는 힘을
기억했어.

나침반의 바늘은 손대지
않아도 늘 북쪽을 가리켜.
바늘의 반대편은 남쪽이야.

아인슈타인이 살던 시대에는…

아인슈타인이 자란 1880년대 독일은 지금과 많은 것이 달랐어.

뉴스

1880년대에는 라디오도, 텔레비전도 없었어. 그래서 사람들이 새로운 소식을 알려면 신문이나 잡지를 읽어야 했지.

장난감

장인이 직접 나무를 깎고 색칠해서 장난감을 만들었어. 공장에서 인형, 기계식 장난감, 블록 세트를 만들기도 했지.

음식

이때는 냉장고도 없었어! 사람들은 대신 음식이 상하지 않도록 말리거나 절였지. 그렇게 보관한 음식을 먹을 것이 부족한 겨울철에 먹었단다.

의복

원래 해군의 옷인 세일러복은 당시 어린이들에게 가장 인기 있는 옷이었어.

교통

기차는 있었지만 자동차나 비행기는 없었어. 사람들은 대부분 걸어 다니거나 말을 탔지. 몇몇 도시는 전차가 다니기도 했어.

알쏭달쏭 탐구 소년

1889년, 아인슈타인은 독일 뮌헨에서 학교에 다녔어. 학교에서 찍은 단체 사진에서 맨 앞줄에 동그라미를 친 아이가 바로 아인슈타인이야.

아인슈타인은 탐구를 아주 좋아하는 꼬마였어.

혼자서 골똘히 생각하는 시간도 무척 즐겼지.

아인슈타인은 여섯 살 때부터 뮌헨에 있는 학교에

다니기 시작했어. 아인슈타인이 태어나자마자 그의

가족은 울름에서 뮌헨으로 이사를 했거든. 뮌헨에서

만난 학교 선생님은 아주 엄격했고, 학생들이 무엇을

어떻게 생각해야 하는지 일일이 가르쳤어.

아인슈타인은 학교를
좋아하지 않았어. 하지만
배우는 건 아주 즐거워했지.
그래서 필요한 책을 빌려 와
수학과 과학을 혼자 공부했어. 아인슈타인은 특히
물리학을 아주 사랑했어. 물리학은 **물질**의 특성이나
에너지를 연구하는 과학의 한 분야야.

과학자 용어 풀이
물질: 철, 물, 공기처럼
공간을 차지하고 무게가
있는 물체의 재료.

물질과 질량
물질은 물체를 이루는
기본 재료야. 그리고
질량은 물질의 양을
말하지. 보통 크기가 큰
물체는 작은 물체보다
질량이 더 큰 편이야.
하지만 작은 물체라도
그 물체를 이루는
물질이 아주 빼곡히
채워져 있으면 질량이
더 클 수 있어.

아인슈타인이 열네 살 때

방방곡곡 유럽살이

아인슈타인은 생애 마지막 20여 년을 빼고는 대부분 유럽 중부 지역에 살았어. 아인슈타인이 태어난 지 얼마 되지 않아 아버지의 사업이 어려워지자, 그의 가족은 독일의 뮌헨으로 이사했어. 다음에는 이탈리아의 밀라노로 집을 옮겼지. 아인슈타인은 스위스 아라우에서 고등학교를 마친 후 취리히에서 대학에 다녔어. 이후 스위스의 베른, 체코(당시 오스트리아-헝가리 제국)의 프라하, 독일의 베를린에 머물다가 1933년부터 미국에 살기 시작했어.

아인슈타인이 열다섯 살이 되었을 때 그의 가족은
이탈리아 밀라노로 이사했어. 아인슈타인은 뮌헨에
남아 학교를 졸업하려고 했지만, 얼마 지나지 않아
학교를 그만두고 가족이 있는 밀라노로 떠났지.
아인슈타인은 걱정하는 부모님에게 혼자 공부해서
대학에 가겠다고 약속했어. 하지만 자기가 좋아하는
과목만 공부했고 나머지는 소홀히 했어.

아인슈타인은 스위스 취리히의 한 대학에서
입학시험을 치렀지만 떨어졌어. 그런데 대학
학장이 아인슈타인의 영리함을 알아보았어! 그는
아인슈타인에게 1년 동안 가까운
고등학교에서 공부한 후,
다시 시험을 보라고
제안했어.

아인슈타인이 걸어 다녔을
1890~1900년대의
이탈리아 밀라노 거리야.

스위스 아라우의 고등학교에서 아인슈타인이 친구들과 찍은 졸업 사진이야. 동그라미 속 인물이 아인슈타인이란다.

아인슈타인이 새로 간 스위스 아라우의 고등학교는
하루하루 성장 중인 과학자에게 완벽한 곳이었어.
학교 선생님들은 남들과 다른 방식으로 생각하고,
스스로 고민할 수 있는 환경을 만들어 줬어. 게다가
학교에는 학생들이 사용할 수 있는 훌륭한 물리
실험실도 갖춰져 있었지.

이때부터
아인슈타인은
문제를 떠올리고,
머릿속으로 그려 보며
스스로 답을 찾기 시작했어.
그는 이런 방식을 '사고
실험'이라고 불렀지.
아인슈타인의 첫 번째
사고 실험은 빛에 관한
것이었어. 그는
스스로에게 이렇게 물었어.
"만약 내가 빛에 올라탈 수
있다면 어떻게 될까?"

놀라운 사실!

아인슈타인이 세운 많은
이론들은 실험실에서
연구한 결과물이 아니야.
그가 머릿속에서 떠올린
사고 실험의 결과였지.

아인슈타인의 한마디

"상상력은 지식보다 중요하다."

아인슈타인은 1년 뒤에 고등학교를 졸업했고,
대학 입학시험에 합격했어. 하지만 대학 생활은
아인슈타인이 생각했던 것과 많이 달랐어.
아인슈타인은 최신 과학 이론을 배우고 싶었는데,
대학에서는 주로 기초 개념을 가르쳤거든.

아인슈타인은 취리히 연방 공과 대학교에 다녔어.
저 멀리 언덕 밑의 큰 건물이야.

1905년, 스물여섯 살의
아인슈타인이 특허청에서
일하고 있어.

그렇지만 아인슈타인은 열심히 노력해서 대학을
졸업했어. 그리고 2년 뒤 **특허청**에서 일하게 되었지.
특허청에서 맡은 일은 꽤 재미있었어. 무엇보다
과학에 대해 생각하고
고민할 시간이 충분했어.

**과학자
용어 풀이**

특허청: 발명품에 대한
권리인 특허를 보호하고
관리하는 기관.

번쩍! 기적의 해

특허청에서 일하는 3년 동안 아인슈타인은 시간이 날 때마다 사고 실험에 빠져들었어. 그리고 자신의 생각을 담은 네 편의 논문을 써서 1905년에 「물리학 연보」라는 유명한 독일 과학 학술지에 발표했지. 그런데 세상에, 이 논문들이 이전의 과학을 완전히 바꿔 놓았어!

같은 해에 아인슈타인은 취리히 연방 공과 대학교에서 박사 학위를 받았어. 사람들은 그가 짧은 시간에 그렇게 많은 일을 해낸 것에 놀라워했지. 그래서 1905년을 '기적의 해'라고 불렀단다. 그때 아인슈타인은 고작 스물여섯 살이었어!

'기적의 해'에 아인슈타인은 아내 밀레바 마리치와 함께 살고 있었어.

3. *Zur Elektrodynamik bewegter Körper;*
von A. Einstein.

Daß die Elektrodynamik Maxwells — wie dieselbe gegenwärtig aufgefaßt zu werden pflegt — in ihrer Anwendung auf bewegte Körper zu Asymmetrien führt, welche den Phänomenen nicht anzuhaften scheinen, ist bekannt. Man denke z. B. an die elektrodynamische Wechselwirkung zwischen einem Magneten und einem Leiter. Das beobachtbare Phänomen hängt hier nur ab von der Relativbewegung von Leiter und Magnet, während nach der üblichen Auffassung die beiden Fälle, daß der eine oder der andere dieser Körper der bewegte sei, streng voneinander zu trennen sind. Bewegt sich nämlich der Magnet und ruht der Leiter, so entsteht in der Umgebung des Magneten ein elektrisches Feld von gewissem Energiewerte, welches an den Orten, wo sich Teile des Leiters befinden, einen Strom erzeugt. Ruht aber der Magnet und bewegt sich der Leiter, so entsteht in der Umgebung des Magneten kein elektrisches Feld, dagegen im Leiter eine elektromotorische Kraft, welcher an sich keine Energie entspricht, die aber — Gleichheit der Relativbewegung bei den beiden ins Auge gefaßten Fällen vorausgesetzt — zu elektrischen Strömen von derselben Größe und demselben Verlaufe Veranlassung gibt, wie im ersten Falle die elektrischen Kräfte.

Beispiele ähnlicher Art, sowie die mißlungenen Versuche, eine Bewegung der Erde relativ zum „Lichtmedium" zu konstatieren, führen zu der Vermutung, daß dem Begriffe der absoluten Ruhe nicht nur in der Mechanik, sondern auch in der Elektrodynamik keine Eigenschaften der Erscheinungen entsprechen, ... Koordinatensysteme, ... ch die ... n, wie ... Wir ... Prinzip ... ng er... äglliche

> '기적의 해'에 아인슈타인이 처음으로 발표한 논문의 한 부분이야.

학술 논문 발표

과학자와 연구자, 학자는 자기가 연구한 내용을 자세하게 적은 논문을 발표해. 같은 분야를 연구하는 다른 사람들이 그 논문을 읽고 자기 의견을 얘기하거나, 더 연구하여 새로운 개념으로 발전시키기도 하지.

첫 번째 논문: 빛

1905년에 발표한 첫 번째 논문의 주제는 빛이었어. 당시 많은 과학자들은 빛이란 물결처럼 움직이며 퍼져 나가는 **파동**이라고 생각했어. 하지만 아인슈타인은 빛이 아주 작은 알갱이인 **입자**들로 이루어져 있다고 주장했지.

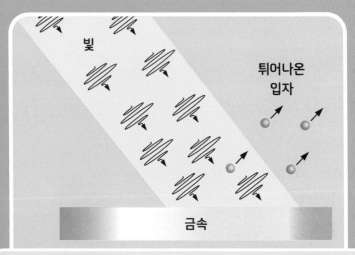

빛

튀어나온 입자

금속

아인슈타인은 빛의 입자가 금속에 부딪히면, 금속 안에 있던 입자가 빛의 입자에 있던 에너지를 받아 밖으로 튀어나온다고 생각했어.

아인슈타인의 이 이론은 '양자물리학'이라는 새로운 과학 분야를 열었어. 나중에 사람들은 양자물리학을 활용해서 텔레비전과 컴퓨터 칩 같은 것들을 만들었지.

과학자 용어 풀이

파동: 무언가가 떨리면서 퍼져 나가는 현상.

입자: 물질을 이루는 아주 작은 알갱이.

스위스 베른에 있는 아인슈타인의 집이야.

물속에 떠다니는
원자와 분자

두 번째 논문: 원자

과연 **원자**와 **분자**는 진짜로 존재할까? 오랫동안 많은 과학자들이 궁금해하던 문제였어. 아인슈타인의 두 번째 논문이 이 물음에 답을 주었지.

로버트 브라운이라는 과학자는 어느 날 물에 떠 있는
꽃가루가 끊임없이 움직이고 있는 모습을 발견했어.
이후 브라운과 많은 과학자가 현미경으로 관찰하며
이 현상을 연구했지만 왜 그런지 설명하지 못했지.
꽃가루가 살아 있다고 믿기까지 했다니까.

아인슈타인도 이 문제에 관심을 가졌어. 그는 물의
분자가 꽃가루 입자와 부딪힌다고 상상하며 분자가
어떻게 움직이는지를 계산해 봤어. 그리고 다른
과학자들은 이를 토대로 시험해 봤지.
결과는 어땠을까? 계산대로 꽃가루가
움직였어! 그 말은 물의 분자와
분자를 이룬 원자가 실제로
존재한다는 거지.

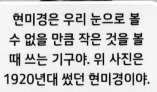

**과학자
용어 풀이** 🔍

원자: 물질을 이루는
입자 중 가장 작은 것.
분자: 두 개 이상의 원자가 뭉친 것.

현미경은 우리 눈으로 볼
수 없을 만큼 작은 것을 볼
때 쓰는 기구야. 위 사진은
1920년대 썼던 현미경이야.

25

세 번째 논문: 시간과 공간

아인슈타인은 시간과 **공간**에 관한 사람들의 생각을 바꾸기도 했어. 사람들은 시간이 모두에게 같은 속도로 흐른다고 생각해 왔어. 한 곳에서 다른 곳까지의 공간인 거리도 모두가 동일하게 느낀다고 믿었지.

하지만 아인슈타인의 생각은 달랐어. 우선, 그는 빛의 속도는 언제나 같다고 보았어. 하지만 빛을 뺀 나머지 모든 것들은 관찰하는 사람이 얼마나 빨리 움직이느냐에 따라 속도가 달라진다고 생각했지.

아인슈타인은 자기가 빛에 올라탔다고 상상했어. 이때 자기가 느끼는 시간과, 다른 속도로 움직이는 사람이 느끼는 시간이 다르다는 것을 깨달았어. 속도에 따라 느끼는 공간의 거리도 마찬가지야. 다른 과학자들은 그의 생각을 토대로 실험했고, 이번에도 아인슈타인이 옳다는 것을 확인했지.

첫 번째 그림을 봐. 달리는 기차 위에 한 여자가 서 있어.
여자가 공을 던졌을 때, 땅에 서 있는 남자가 보기에 이 공은
기차 위의 여자가 느끼는 것보다 더 빨리 움직여. 관찰하는
사람의 속도에 따라 공의 속도가 다르게 느껴지는 거야.
그러면 이제 그 아래 그림을 보자. 여자가 달리는 기차 위에서
손전등을 비추고 있어. 이때 손전등에서 나오는 빛은 여자와
남자에게 같은 속도로 보여. 빛의 속도는 늘 같으니까!

과학자
용어 풀이

공간: 어떤 물체가 존재하거나
어떤 일이 일어날 수 있는 자리, 또는
어떤 물체와 물체 사이의 장소.

네 번째 논문: 물질과 에너지

마지막 논문의 주제는 에너지와 물질 사이의 관계였어. 아인슈타인은 물질이 에너지가 될 수 있고, 에너지도 물질이 될 수 있다고 했어. 그리고 이번에도 자신의 주장이 옳다는 것을 보여 주었지.

아인슈타인은 하나의 **등식**을 세웠어. 에너지(E)의 크기는 물체의 질량(m)에 빛의 속도의 **제곱**값(c^2)을 곱한 것과 같다는 공식이야. 이 공식에 따르면 작은 질량으로도 큰 에너지를 만들 수 있게 돼. 과학자들은 이 공식을 활용해서 강력한 원자 폭탄도 만들었어!

과학자 용어 풀이

등식: '1+2=3'처럼 등호(=)를 기준으로 양쪽이 서로 같음을 나타내는 식.

제곱: 1x1, 2x2처럼 같은 수를 두 번 곱하는 것.

원자 폭탄은 순식간에 모든 것을 날려 버리는 끔찍한 무기야.

아인슈타인의 숨은 스승들

아인슈타인은 자기보다 앞서 살았던 과학자들을 존경했어. 특히 시간과 공간에 대해 새로운 생각을 할 때 아래 과학자들에게 도움을 받았지. 아인슈타인은 언제나 자신의 연구가 성공한 건 이들 덕분이라고 했어.

갈릴레오 갈릴레이
(1564~1642)

아이작 뉴턴
(1643~1727)

제임스 클러크 맥스웰
(1831~1879)

헨드릭 안톤 로런츠
(1853~1928)

놀라운 사실!

$$\left(E = mc^2\right)$$

아인슈타인의 유명한 공식 $E=mc^2$은 아주 간단해 보이지만, 역사상 가장 유명한 공식 중 하나야. 위의 글씨는 아인슈타인이 공식을 직접 손으로 쓴 거야.

6 아인슈타인에 대한 가지 멋진 사실

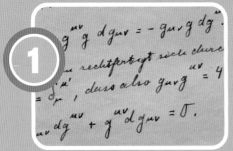

① 아인슈타인은 제2차 세계 대전 때 미국을 돕기 위해 돈을 모으는 일에 함께했어. 이때 1905년에 발표한 논문 중 손으로 직접 쓴 한 편을 경매에 내놓았는데, 무려 650만 달러(약 90억 원)에 팔렸대.

② 사람들은 아인슈타인이 20세기에서 가장 중요한 과학자라고 손꼽아.

③ 아인슈타인은 바이올린 연주 실력이 아주 뛰어났어. 만약 과학자가 되지 않았다면 음악가가 되었을 거라고 말할 정도였대.

4 1952년에 이스라엘은 아인슈타인에게 자기 나라의 대통령이 되어 달라고 요청했지만, 아인슈타인이 거절했어.

아인슈타인은 구멍이 잘 난다는 이유로 양말을 신지 않았어. 아주 추운 겨울에도 말이야!

5

아인슈타인은 평생 두 번 결혼했어. 딸 한 명과 두 아들, 두 의붓딸이 있었대.

6

아인슈타인과 두 번째 아내 엘사, 의붓딸 마고야.

아인슈타인의 첫 번째 아내 밀레바와 두 아들 에두아르트(왼쪽), 한스 알베르트 (오른쪽)야.

끊임없는 연구와 노벨 물리학상

아인슈타인이 내놓은 이론들을 두고 과학자들은
엄청난 논쟁을 벌였어. 그때까지 누구도 풀지 못한
문제의 답을 발견했으니 말이 많았겠지?

아인슈타인은 이 이론들 덕분에 유명해졌어.
그리고 1909년에는 대학교수가 되었지. 다른
대학들도 이 뛰어난
과학자가 와서 자기
학생을 가르치길 바랐어.
그러면 학교도 함께
유명해질 테니까 말이야.

1912년에 아인슈타인은
취리히 연방 공과 대학교의
교수가 되었어. 불과 몇 년
전에 그가 입학시험에서
떨어진 대학이었지.

아인슈타인이 교수로 있던 많은 대학 중에는
네덜란드의 레이던 대학교도 있었어.

학생들을 가르치다 보니 아인슈타인은 새로운 연구를
할 시간이 없었어. 그래서 1914년에 독일 베를린에
있는 한 연구소의 연구소장이 되었지. 역할은
여전히 교수였지만 연구소에서는 학생을 가르치지
않았어. 아인슈타인은 원하던 연구에 집중하고, 다른
과학자들과 이야기할 시간도 많아졌단다.

1915년, 아인슈타인은 '일반 상대성 이론'을
소개하는 놀라운 논문을 써냈어. 그때껏 사람들은
중력이란 두 물체가 서로 끌어당기는 힘이라고만
생각했어. 하지만 아인슈타인은 일반 상대성
이론에서 과거의 중력 개념을 시간과 공간에 대한
자신의 새로운 이론으로 발전시켰어.

헤르만 민코프스키는
1905년에 아인슈타인이
쓴 논문을 읽었어. 그리고
아인슈타인이 시간과
공간을 하나로 합친
'시공간'이라는 개념을
만들어 냈다고 이야기했지.

헤르만 민코프스키는
취리히 연방 공과 대학교의
교수로서 아인슈타인을 만났어.

과학자
용어 풀이

중력: 질량이 있는 모든 물체가
서로를 끌어당기는 힘.

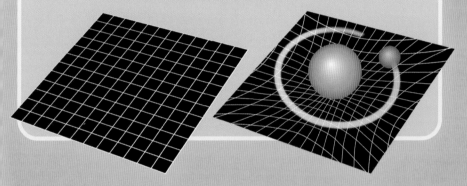

중력의 새로운 시각, 일반 상대성 이론

시공간을 바둑판무늬가 있는 넓고 평평한 고무판이라고 생각해 봐. 그 위에 무거운 물체를 올려 두면 가운데가 움푹 파이면서 바둑판무늬가 휘어질 거야. 그러면 주변에 있던 작은 물체들이 그 휘어진 길을 따라 움직이겠지? 아인슈타인은 이 움직임이 중력이 작용하는 원리라고 했어. 그러니까 중력은 시공간이 휘어지면서 나타나는 현상인 거야.

아인슈타인은 질량이 있는 물체가 시공간을 휘어지게 만들어 중력이 생긴다고 했어. 그래서 그 물체의 주변 물체가 똑바로 움직이려 해도, 일그러진 시공간을 따라 휘어서 움직이게 된다고 설명했지. 이게 바로 일반 상대성 이론이야.

아인슈타인은 이 이론에 따라 빛 역시 휘어질 수 있다고 주장했어.

지구

달

아인슈타인은 먼 우주에서 오는 별빛이 태양을 지날 때 태양의 중력 때문에 구부러질 거라고 예측했어. 그리고 **일식**일 때, 이를 **증명**할 수 있을 거라고 했지. 일식이 일어나면 달이 태양을 가려서 지구로 들어오는 태양 빛이 약해져. 그러면 태양 너머의 별에서 오는 빛을 볼 수 있게 되거든.

놀라운 사실!

사람들은 우주가 커지거나 작아지지 않고 고정되어 있다고 생각했어. 그런데 아인슈타인의 일반 상대성 이론으로 우주의 시공간이 물질과 에너지에 의해 변화할 수 있다는 게 밝혀졌지. 이 이론은 우주가 하나의 대폭발로 시작되어 커졌다는 '빅뱅 이론'의 연구에 큰 도움을 주었어.

우리가 보는 위치

실제 위치

태양

별빛에 관한 아인슈타인의 예측

아인슈타인은 태양의 중력이 주변 시공간을 휘게 한다고 했어. 그래서 태양 곁을 지날 때는 빛의 경로가 휘어져 별이 다른 곳에 있는 것처럼 보인다고 말이야. 1919년 5월, 영국의 과학자들은 달이 태양을 가려 낮에도 별빛을 볼 수 있는 개기 일식 때 아인슈타인의 주장을 시험했어. 그리고 그의 말이 맞다는 것을 확인했어. 태양의 중력이 영향을 주지 않는 밤하늘과 달리, 태양이 떠 있을 때는 태양의 근처를 지나는 별빛의 경로가 휘어져 별의 위치가 달라 보였던 거야.

과학자 용어 풀이

일식: 달이 지구와 태양 사이를 지나가면서 햇빛의 일부 혹은 전체를 가리는 현상.

개기 일식: 완전한 일식으로, 달이 태양을 모두 가려 보이지 않는 현상.

증명: 어떤 생각이나 말이 맞는지 증거를 찾아서 밝힘.

과학계 슈퍼스타가 된 아인슈타인은 1921년에
백악관에 가서 당시 미국 대통령인 워런 하딩을 만났어.

전 세계 신문사가 아인슈타인과 그의 연구를 크게
알렸어. 과학자가 아닌 사람들도 아인슈타인의
이름을 알았지. 심지어 유명한 영화배우들도
그를 만나고 싶어 했어. 정말이지 많은 사람이
아인슈타인을 알아보고, 그의 이론에 관심을
가졌단다.

노벨 물리학상 메달의 앞면에는 다이너마이트를 발명한 알프레드 노벨이 새겨져 있어.

1921년에 아인슈타인은
노벨 물리학상을 받았어.
가장 뛰어난 과학 연구를
한 사람에게 주는 상이지.
다만 아인슈타인이 시공간에 관한 이론으로 이
상을 받은 건 아니야. 노벨상 위원회는 이 이론에
반대하는 사람이 너무 많다고 생각했거든. 대신
아인슈타인이 한 모든 연구를 높이 평가했어. 특히
새로운 학문인 양자물리학의 탄생을 가능하게 한
'빛의 입자 이론'에 주목했지.

1921년에 아인슈타인이 처음으로 미국을 방문했을 때 뉴욕시 거리에 수천 명이 줄을 서서 그를 환영했어.

마지막 탐구

1922년부터 아인슈타인은 새로운 이론에 힘을 기울이기 시작했어. 그는 우주의 모든 물체가 작동하는 방식을 설명하는 단 하나의 이론이 있을 거라 생각했지. 만약 이 이론을 찾는다면, 모든 물질의 구조까지 설명할 수 있을 거라고 믿었어. 그래서 남은 평생을 이 문제에 빠져 살았어.

놀라운 사실!

아인슈타인은 배 타는 것을 좋아했어. 물 위에 떠 있을 때 더 차분하게 생각할 수 있었대.

1879년	1880년	1894년	1900년
3월 14일 독일 울름에서 태어나다.	가족과 함께 독일 뮌헨으로 이사하다.	이탈리아 밀라노로 먼저 떠난 가족을 따라가다.	스위스 취리히 연방 공과 대학교를 졸업하다.

어떤 과학자들은 아인슈타인이 시간을 낭비하고
있다고 말하기도 했어. 하지만 아인슈타인은 언젠가
해답을 찾을 수 있다고 믿었지. 자기가 아니더라도
다른 누군가가 해낼 거라고 말이야.

안전한 장소를 찾아 떠나다

1932년에 아인슈타인은 미국 뉴저지주
프린스턴 대학교의 교수가 되었어. 그리고
다음 해에 미국에 완전히 자리 잡았지.
당시 독일은 그에게 안전한 곳이 아니었어.
아인슈타인은 유대인(유대교라는 종교를
믿는 민족)이었는데, 독일에는 유대인을
싫어하는 사람이 많았거든. 그래서
아인슈타인은 미국이라면 안전하게
연구할 수 있을 거라고 생각했어. 그의
생각은 옳았어. 1939년에 제2차 세계
대전이 일어나면서 독일 총통 히틀러에 의해
많은 유대인이 박해를 당했거든.

미국 뉴저지주 프린스턴의
이 집에서 아인슈타인은
1936년부터 세상을 떠난
1955년까지 살았어.

1902년	1905년	1909년	1914년
스위스 베른에 있는 특허청에서 일을 시작하다.	'기적의 해'를 보내다.	스위스 취리히 대학교의 교수가 되다.	독일 베를린에서 연구소장으로 일하다.

1916년에 아인슈타인은 중력파를 예측했어. 중력파란 시공간에서 생기는 중력의 파동이야. 그리고 2015년, 과학자들은 그 예측이 옳다는 걸 알게 됐지. 두 블랙홀이 시공간에서 부딪히며 일어난 파동을 발견한 거야. 블랙홀은 빛조차 빠져나갈 수 없을 만큼 강한 중력으로 뭐든지 빨아들이는 걸 말해. 아인슈타인 덕에 우주를 바라보는 새로운 길이 또다시 열렸어!

아인슈타인은 1955년 4월 18일, 미국 뉴저지주
프린스턴에서 세상을 떠났어. 그는 마지막 날까지
'모든 것에 관한 이론'이라는 꿈을 위해 연구했지.
하지만 답을 찾아내지는 못했단다.

과학자들은 아인슈타인이 남긴 문제를 풀기 위해
지금까지도 연구하고 있어. 많은 성과가 있었지만,
아직 모든 것에 관한 이론은 증명되지 않았어.

1915년
일반 상대성 이론을
발표하다.

1919년
개기 일식으로
일반 상대성 이론이
증명되다.

1921년
노벨 물리학상을
받다.

아인슈타인의 한마디

"난 미래를 미리 생각하지
않는다. 곧 닥칠 테니까."

1932년
미국의 프린스턴
대학교 교수가
되다.

1933년
미국으로
사는 곳을
옮기다.

1940년
미국 시민이
되다.

1955년
4월 18일
미국 뉴저지주
프린스턴에서
눈을 감다.

도전!
아인슈타인 퀴즈

어때? 아인슈타인에 대해서 많이 배웠니? 아래

퀴즈를 풀며 확인해 봐! 정답은 45쪽 아래에 있어.

알베르트 아인슈타인은 어느 나라에서
태어났어?
A. 미국
B. 독일
C. 스위스
D. 영국

소년 아인슈타인은 다음 중 어떤 과목을
가장 좋아했어?
A. 읽기와 쓰기
B. 역사
C. 과학
D. 체육

이론이란 무엇일까?
A. 어떤 것이 무엇이고, 왜 일어났는지에
대한 의견을 정리한 것
B. 물체를 이루는 아주 작은 알갱이
C. 두 물체가 서로 끌어당기는 힘
D. 달이 햇빛을 가리는 현상

알베르트 아인슈타인은 아버지가 _____ 이후로 과학에 관심을 두게 되었어.
A. 책을 읽어 준
B. 학교에 데리고 간
C. 나침반을 준
D. 별을 보여 준

아인슈타인의 '기적의 해'는 언제일까?
A. 1879년
B. 1905년
C. 1922년
D. 1955년

6. 과학에서 가장 뛰어난 연구는 한 사람에게 주는 상은?
A. 그래미상
B. 퓰리처상
C. 노벨 물리학상
D. 아카데미상

7. 아인슈타인의 이론 중에서 과학자들이 지금까지 연구 중인 것은 무엇일까?
A. 빛의 입자에 관한 이론
B. 시공간에 관한 이론
C. 중력에 관한 이론
D. 모든 것에 관한 이론

정답: ① B, ② C, ③ A, ④ C, ⑤ B, ⑥ C, ⑦ D

꼭 알아야 할 과학 용어

원자: 물질을 이루는 입자 중
가장 작은 것.

파동: 무언가가 떨리면서 퍼져
나가는 현상.

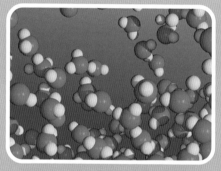

분자: 두 개 이상의 원자가 뭉친 것.

증명: 어떤 생각이나 말이 맞는지
증거를 찾아서 밝힘.

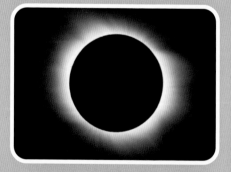

일식: 달이 지구와 태양 사이를
지나가면서 햇빛의 일부 혹은
전체를 가리는 현상.

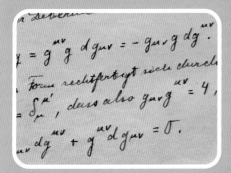

등식: '1+2=3'처럼 등호(=)를
기준으로 양쪽이 서로 같음을
나타내는 식.

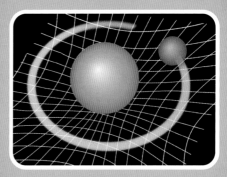

중력: 질량이 있는 모든 물체가
서로를 끌어당기는 힘.

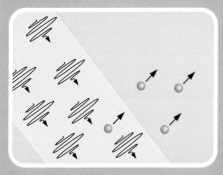

입자: 물질을 이루는 아주 작은
알갱이.

특허청: 발명품에 대한 권리인
특허를 보호하고 관리하는 기관.

물질: 철, 물, 공기처럼 공간을
차지하고 무게가 있는 물체의 재료.

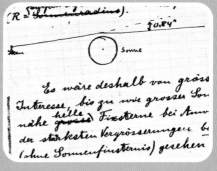

이론: 어떤 현상이 무엇이고,
왜 일어나는지에 대한 의견을
짜임새 있게 정리한 것.

찾아보기